Sven-David Müller, Thomas Reiche, Elisabeth Warzecha

Der Einsatz von Chondroitin und Glucosamin bei degenerativen Gelenkerkrankungen

Der Einsatz von Naturstoffen in der Therapie von Arthritis

GRIN Verlag

Bibliografische Information der Deutschen Nationalbibliothek:

Die Deutsche Bibliothek verzeichnet diese Publikation in der Deutschen National-
bibliografie; detaillierte bibliografische Daten sind im Internet über http://dnb.d-
nb.de/ abrufbar.

Impressum:

Copyright © 2005 GRIN Verlag GmbH
Druck und Bindung: Books on Demand GmbH, Norderstedt Germany
ISBN: 978-3-656-04498-7

Dieses Buch bei GRIN:

http://www.grin.com/de/e-book/181051/der-einsatz-von-chondroitin-und-glucosa-
min-bei-degenerativen-gelenkerkrankungen

GRIN - Your knowledge has value

Der GRIN Verlag publiziert seit 1998 wissenschaftliche Arbeiten von Studenten, Hochschullehrern und anderen Akademikern als eBook und gedrucktes Buch. Die Verlagswebsite www.grin.com ist die ideale Plattform zur Veröffentlichung von Hausarbeiten, Abschlussarbeiten, wissenschaftlichen Aufsätzen, Dissertationen und Fachbüchern.

Besuchen Sie uns im Internet:

http://www.grin.com/

http://www.facebook.com/grincom

http://www.twitter.com/grin_com

Gelenkerkrankungen aus ernährungsmedizinischer Sicht
Die Wirkung von Glucosamin und Chondroitin auf Gelenke und Knorpel

von Sven-David Müller, M.Sc..

Degenerative Gelenkerkrankungen – Arthrose
Arthrose ist eine chronisch degenerative Gelenkerkrankung unterschiedlicher Genese und wird oft mit Osteoarthrose gleichgesetzt. Die Alterung des Gelenkknorpels führt zu einer reduzierten Permeabilität für Nährstoffe und einer Abnahme der Mukopolysaccharide, was zusammen zu einer Erweichung, Rissbildung und Erosion des Knorpels führt. Die Arthroseentstehung wird weiterhin durch alle Form- oder Funktionsstörungen gefördert, weshalb man diese Faktoren als präarthrotische Deformitäten bezeichnet. Die häufigste klinische Form ist die Arthrosis deformans (engl. Osteoarthritis). Diese tritt meist bei älteren Menschen auf und befällt vorwiegend die Gelenke der unteren Extremitäten, wie Hüfte oder Knie, was zu chronischen Erkrankungen führt. Im weiteren Stadium führt diese Erkrankung zur Zerstörung der Gelenkflächen (Gelenkknorpel und -knochen). Meist ist im fortgeschrittenen Stadium ein operativer Gelenkersatz notwendig.

Degenerative Gelenkerkrankungen entstehen oft durch Übergewicht, Überbeanspruchung, falsche Stellung oder Fehlhaltung. Weitere Begleiterscheinungen degenerativer Gelenkerkrankungen sind neben Diabetes mellitus auch Herzinsuffizienz, Hyperlipoproteinämie, Hyperurikämie und Varizen (1). Besonders im Alter kann es zu Abnutzungserscheinungen der Gelenke verstärkt im Knie-, Hüft- und Rückengelenksbereich kommen. Die Knorpelschicht umhüllt die Gelenkknochen. Die Gelenkkapseln produzieren Gelenkflüssigkeit, damit die Knorpel laufend mit Nährstoffen versorgt sind. Mit zunehmendem Alter nimmt die Knorpelschicht an Elastizität ab, wird faserig und bildet sich zurück. Bei verschlissener Knorpelschicht sind auch der Knochen und die den Knochen umgebenden Gelenkkapseln mit ihren Bändern und Muskeln in Mitleidenschaft gezogen. Andere Ursachen für degenerative Gelenkerkrankungen sind Meniskus- und Kreuzbandverletzungen bei intensivem Sport oder schlecht verheilten Knochenbrüchen. Man unterscheidet bei der Arthrose primäre, so genannte ideopathische, und sekundäre Arthrosen. Primäre Arthrose meint die degenerative Gelenkerkrankung, welche mit dem physiologischen Alterungsprozess ohne weitere äußere oder innere Ursachen einhergeht. Primäre Arthrose entsteht aus ungeklärter Ursache. Diskutiert werden unter anderem genetische Dispositionen, Durchblutungsstörungen durch hormonelle Fehlfunktionen oder mechanische Überbelastungen. Sekundäre Arthrose entsteht häufig als Begleiterkrankung anderer Leiden, wie Gelenkfehlstellungen, unphysiologischen Gelenkbelastungen oder wegen Adipositas verursachter starker Gelenkbelastung.

Stoffwechselstörungen wie Ochronose, eine Ablagerung von Homogentisinsäure, oder Diabetes mellitus führen ebenfalls zu sekundären Arthrosen. Bei Diabetes spielen neben der Stoffwechselstörung auch Gefäßkomplikationen und die diabetische Polyneuropathie zur Arthroseentwicklung eine wichtige Rolle. Weitere metabolische Ursachen sind Gicht und Kalziumpyrophosphatablagerungen (Pseudogicht), welche besonders in Menisken und Bandscheiben auftreten. Durch immer wiederkehrende intraartikuläre Blutungen kann Arthrose auch bei Hämophilie A und B auftreten (so genanntes Blutergelenk). Postinfektiöse Arthrosen entstehen oft nach eitrigen Arthriden, welche den Knorpel zerstören. Beispielhaft seien dafür Gonorrhöe und Tuberkulose genannt. Eine weitere wichtige Ursache sind Autoimmunerkrankungen (rheumatoide Arthritis, Lupus erythematodes, Sklerodermie) und gelenknahe aseptische Knochennekrosen. Es gibt keine geschlechtsspezifischen Unterschiede, jedoch treten bei Männern eher Hüft- und Kniegelenksarthrosen auf, während Frauen verstärkt unter Arthrosen kleinerer Gelenke, wie beispielsweise der Finger leiden. Dort bilden sich charakteristische knochige Verdickungen, so genannte Heberdenknötchen (Osteophyten) aus.

Pathogenese bei Arthrose
Das primäre Ereignis, das zur Arthrose führt, ist eine Zerstörung des Gelenkknorpels durch äußere oder innere Einflüsse. Beispiele hierfür sind Fehlbelastungen, Stoffwechselstörungen oder Infektionen. Die Chondrozyten, in die Interzellulärsubstanz des Knorpels eingelagerte Knorpelzellen, welche für den Erhalt der Knorpelschicht zuständig sind, sezernieren Zytokine. Diese Botenstoffe des Immunsystems regulieren die entzündliche Reaktion. Der Effekt der Zytokine wird durch eine erhöhte Sensitivität der Rezeptoren im arthrotischen Gelenk erhöht. Eine Zerstörung der Zellmembranen führt über die Phospholipasenaktivität zur Freisetzung von Phospholipiden, welche Eikosanoide (Leukotriene und Prostaglandine) enthalten. Diese sind als Mediator bei Entzündungsreaktionen von Bedeutung. Freigesetzte Eikosanoide vermitteln Gefäßveränderungen und Veränderungen des Gefäßbindegewebes, was zu klinischen Symptomen der Arthrose führt.

Morphologie
Die Knorpelkappen der Gelenkflächen zeigen unter dem Mikroskop eine unregelmäßige und aufgeraute Kontur. Im Randbereich der Knorpelkappen, zumeist an den Wirbelknochen, kommen häufig Osteophyten vor. Dies sind höckerartige Knochenneubildungen. Geröllzysten finden sich als große, häufig mit nekrotischen Knochenbällchen und Knochenfragmenten gefüllte Pseudozysten unter der destruierten Knorpelkappe. Lichtmikroskopisch werden auf dem hyalinen Knorpel Asbestfaserung, oberflächliche Defekte und hyperplastische Chondrozyten sichtbar. Der subchondrale Knochen zeigt als Folge der überschießenden Regeneration verbreiterte und verklumpte Knochenbällchen (Spongiosa), der Markraum ist fibrosiert und enthält nekrotische Knorpelfragmente und mikrofrakturierte Knochenbällchen. Das Meniskusgewebe zeigt histologisch eine Auflockerung der Grundsubstanz und eine unregelmäßige Faserstruktur. Oberflächlich finden sich meist unterschiedlich große Knorpelnekrosen und Einrisse, in deren Randbereich man proliferierende hyperplastische Knorpelzellen erkennen kann.

Das klinische Krankheitsbild äußert sich anfänglich in Steifheit und Schmerzen nach längerer Belastung und bei Behandlungsbeginn, wenn der Patient aufgrund dieser Schmerzen den Arzt aufsucht. Später leiden die Betroffenen unter stärkeren Schmerzen, die zu Bewegungsbehinderungen führen können. Diese Schmerzen können auch in Ruhephasen, nachts oder witterungsbedingt auftreten. Die Diagnose der Arthrosen ist anfangs nicht immer einfach, da Arthrosen zwar klinisch nachweisbar, aber oft stumm sind, also schmerzlos und nicht aktiv. Zwischen pathologisch-anatomischen, radiologisch nachweisbaren und klinisch relevanten Arthrosen bestehen oft Diskrepanzen. Bei bestehendem Verdacht auf Arthrose wird der Patient daher auch radiologisch mittels Röntgen, Computertomographie, Magnet-Resonanz-Tomographie und Arthroskopie untersucht. Erst danach wird medikamentös therapiert, denn nur 20 bis 30 % der Arthrosen verlaufen schmerzhaft (1).

Arthroseformen
Grundsätzlich kann Arthrose an jedem Gelenk auftreten. Die häufigsten Arthroseformen sind:

- Kniegelenksarthrosen (Gonarthrose):
  Arthrotische Veränderungen können entsprechend der statischen Belastung überwiegend die mediale oder laterale Gelenkfläche betreffen
- Hüftgelenksarthrose (Coxarthrose)
  Zunehmende Deformierung kann zur Subluxation führen (Teilausrenkung eines Gelenks)
- Sprunggelenksarthrose am oberen und unteren Sprunggelenk

- Daumengelenksarthrose (Rhizarthrose)
- Schultergelenksarthrose (Omarthrose)
  Gelenkspaltverschmälerung
- Wirbelsäulenarthrose (Spondylarthrose)
  Gelenkspaltverschmälerung
- Fingerendgelenksarthrose (Heberden-Arthrose)
- Fingermittelgelenksarthrose (Bouchard-Arthrose)
- Daumensattelgelenksarthrose (Rhizarthrose)
- Großzehengrundgelenksarthrose (Hallux rigidus)
- Fehlstellung des Grosszehs (Hallux valgus)
- Kreuz-Darmbeingelenks-Arthrose (Iliosakralgelenksarthrose)
- Kiefergelenksarthrose (Myoarthropathie)
- an mehreren Gelenken gleichzeitig auftretende Arthrose (Polyarthrose, multiple Arthrose)

Entzündliche Gelenkerkrankungen sind unter anderem Arthritis, Rheuma, Rheumatoide Arthritis mit ihren Sonderformen, Psoriasis Arthritis, Morbus Bechterew und Gelenkerkrankung nach Infekten, wie Harnwegs- oder Darmentzündungen. (2, 3, 4)

Therapie
Eine kausale, d. h. die Ursache behebende Therapie der Arthrose, gibt es nicht, obwohl eine Vielzahl von "Knorpelaufbaupräparaten" angeboten werden. Diese reichen von Gelatine bis zu pflanzlichen Wirkstoffen mit den verschiedensten Inhaltsstoffen. Es fehlt bisher der wissenschaftliche Beweis für ihre Wirkung. Verschiedene Maßnahmen können jedoch eine deutliche Erleichterung der Beschwerden bei Arthrose bringen:

- **Gewichtsreduktion** bei Übergewicht
- **Physikalische Therapie** und **Krankengymnastik**, die gute symptomatische Wirksamkeit zeigen
- **Gelenkinjektionen** mit Spülung des Gelenks und Injektion von Cortisonpräparaten in entzündlichen Phasen der Arthrose oder Applikation von Lokalanästhetika als Schmerztherapie
- Gabe von **Hyaluronsäure** in das Kniegelenk, welches als "Gelenkschmiere" wirkt und manchen Patienten längere Zeit Schmerzerleichterung bringt
- **Orthopädietechnik** (Handstock, Pufferabsätze, Schuhaußen- bzw. -innenranderhöhungen)
- **Schmerzmittel**: z. B. Cyclooxygenase-Hemmer

Die Arthrosetherapie orientiert sich an drei Zielen: Erhaltung der Gelenkfunktion, Schmerzreduktion sowie Aufhalten der Knorpelzerstörung. Oft sind Gewichtsreduktion, Kräftigung der gelenkumgreifenden Muskulatur und eine gleichförmige, belastungsarme Bewegung der Gelenke wirksame Erste-Hilfe-Maßnahmen, bevor medikamentös therapiert wird. Eine Gewichtsreduktion verringert den statischen Druck auf den Knorpel beim Stehen. Die Kräftigung der gelenkumgreifenden Muskulatur reduziert die Schmerzen und verbessert die Gelenkfunktion. Zyklische, gleichmäßige und belastungsarme Bewegungen wie Fahrradfahren wirken sich auch bei bereits fortgeschrittener Arthrose positiv aus. Die Arzneimittelkommission der Deutschen Ärzteschaft (AkdÄ) empfiehlt zur Arthrosetherapie Analgetika. Dazu gehören je nach Schmerzgrad nichtsteroidale Antirheumatika (NSAR) wie Paracetamol, Diclofenac oder Ibuprofen, gut magenverträgliche Cyclooxygenase-2-Hemmer (COX-Hemmer) und stark wirksame Analgetika vom Morphin-Typ. Sie hemmen die Bildung entzündlicher Zytokine und Metalloproteinasen und fördern die Proteoglykansynthese der Chondrozyten.

Einige Schmerzmittel stehen jedoch im Verdacht, langfristig den Knorpel zu zerstören und Gewebeneubildungen zu verhindern. Eine Alternative bieten so genannte Chondroprotektiva. Das sind Kombinationspräparate mit Chondroitinsulfat, Glucosamin und Hyaluronsäure bzw. deren Derivaten. Im Weiteren wird auf Studien von Glucosamin und Chondroitin eingegangen.

Allgemeine Ernährungsempfehlungen:

Allgemeine Empfehlungen beinhalten neben einem normalen Körpergewicht eine ausgewogene, vitamin- und mineralstoffreiche Ernährungsweise. Diese sollte reich an Obst und Gemüse, Vollkornprodukten, knochenstärkendem Calcium und Vitamin D, radikalhemmendem Vitamin E und C sowie Selen sein. Zusätzlich ist auf eine gesunde Lebensweise zu achten, die auch das Rauchen vermeidet. Denn Rauchen verengt die Gefäße und mindert die Sauerstoffversorgung im Körper und somit auch in den Gelenken.

Was sind Glucosamine und Chondroitin?

Der menschliche Körper wird kontinuierlich von Bindegewebe durchzogen. Jedes Bindegewebe weist einen typischen Aufbau aus Zellen und Extrazellulärsubstanzen auf, wobei letztere die Hauptmasse des Bindegewebes bilden. Die extrazellulären und zellassoziierten Bausteine stellt die Körperzelle aus niedermolekularen Substraten auf dem Wege der Totalsynthese selbst her. Die Bindegewebszelle besitzt die dafür benötigten Enzyme für die Faserproteine Kollagen und Elastin und die Proteoglykane der Grundsubstanz. Die körpereigenen Bausteine Glucosamin (Glucosaminsulfat) und Chondroitin (Chondroitinsulfat) sind in allen wichtigen Körpergeweben enthalten, selbst in Blutgefäßen und den Herzklappen. Die hauptsächliche Aufgabe von Glucosamin- und Chondroitinsulfat liegt im Aufbau und Erhalt von Gewebsstrukturen des Bewegungsapparates. Bindegewebe, Bänder, Sehnen, Knorpel, Knochen und gesunde Gelenke mit genug Gelenkflüssigkeit sind auf eine ausreichende Versorgung mit diesen Substanzen angewiesen. Steht dem Körper nicht genug Glucosaminsulfat zur Verfügung, so wird die Gelenkflüssigkeit dünner und wässriger. Die Gelenke sind dann anfälliger für Abnutzung und Verletzungen. Bei anderen Verschleißteilen, wie den Bandscheiben, verhält es sich ähnlich. Je mehr Glucosamin dem Körper zur Verfügung steht, desto mehr Knorpelmasse kann er produzieren. Normalerweise stellt der Körper genügend Glucosamine her, um die Gelenke funktionsfähig zu halten und kleine Schäden zu reparieren. Mit zunehmendem Alter nimmt die körpereigene Glucosamin-Produktion allerdings ab: Das Gelenk trocknet aus und die Knorpelmasse wird schlecht ernährt, ungleichmäßig aufgebaut und kleinere Verletzungen heilen nicht mehr.

Chemische Struktur von Glucosamin und Chondroitin

Glykosaminoglykane sind hochpolymere Verbindungen aus Aminozuckern, so genannte Mukopolysaccharide, zu denen Glucosamin, Chondroitin und Hyaluronsäure zählen. Das Glucosaminmolekül ist kleiner als Chondroitin und wird daher im Verdauungstrakt besser und schneller resorbiert. Eine Verbindung von Glucosamin und Chondroitin mit dem Salz der Schwefelsäure bildet Substanzen, die der Organismus besser aufnimmt und verwertet. Diese bio-aktiven Formen von Glucosamin und Chondroitin sind Glucosaminsulfat (Abb. 1) bzw. Chondroitinsulfat (Abb. 2). Der Aminozucker D-Glucosamin (2-Amino-2-desoxyglucose) ist in der Natur Bestandteil zahlreicher Oligo- und Polysaccharide. Glucosamin ist an der Biosynthese der Aminozucker beteiligt und wird unter ATP-Freisetzung zu Glucosamin-6-phosphat umgewandelt. Als Endprodukt entstehen UDP-N-Acetylglucosamin, ein N-substituierter Aminozucker (N = Stickstoff), und UDP-N-Acetylgalaktosamin. UDP-N-Acetylglucosamin ist im weiteren Verlauf an der Synthese von Glykoproteinen und Glykosaminoglykanen beteiligt.

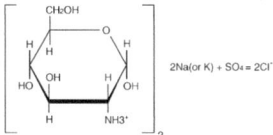

Abb. 1: Glucosaminsulfat

Glucosamin ist für die Herstellung aller „Gleit- und Dämpfungsschichten" erforderlich. Das heißt, Glucosamin ist am Aufbau von Knorpel in den Gelenken und der „Gelenkschmiere" beteiligt. Die Synovialflüssigkeit (Gelenkschmiere) besteht zur Hälfte aus Hyaluronsäure, einem Mukopolysaccharid, welches eine Vorstufe zur Bildung von Glucosamin darstellt. Diese intrazelluläre Kittsubstanz ist ein wichtiger Bestandteil des Bindegewebes. Insulinmangel und regelmäßige Kortikoidzufuhr stört bzw. verhindert die körpereigene Hyaluronsäureproduktion. Hyaluronsäure verleiht der Gelenkflüssigkeit ihre Zähigkeit und stellt die Gleitfähigkeit zwischen Gelenk-Innenhaut und Knorpel her.

Chondroitinsulfat gehört zu den Proteoglykanen, einer Kohlenhydrat-Proteinverbindung mit variabler Polysaccharidkettenanzahl und zusätzlich auch variabler Anzahl von Oligosaccharidresten mit einem Proteinteil in kovalenter Verbindung. Da am Aufbau der sich wiederholenden Disaccharideinheiten immer Aminozucker beteiligt sind, bezeichnet man diese Verbindung auch als Glykosaminoglykane. Diese anionischen Linearpolymere enthalten alternierend einen N-acetylierten Aminozucker, eine Uronsäure sowie eine Estersulfatgruppe (5). Nach der oralen Aufnahme wird das Molekül enzymatisch in Mono- und Disaccharide gespalten, welche die Darmwand passieren können. Die Spaltstücke reichern sich an Glykosaminoglykane an. Aus ihnen werden von der Knorpelzelle alle im Knorpel vorhandenen Glykosaminoglykane, welche für Stoßdämpfung und reibungslose Bewegung des Knorpels verantwortlich sind, synthetisiert. Aufgrund seiner Struktur hat es die höchste Wasserbindungskapazität aller sulfatierten Glykosaminoglykane.

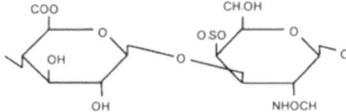

Abb. 2: Chondroitinsulfat

Bedeutung von Glucosamin und Chondroitin im menschlichen Körper
Proteoglykane werden in unterschiedlichen Konzentrationen von allen Zellen gebildet. Im Folgenden sind einige Funktionen aufgeführt:

- Vermittlung von Zell-Zell-Kontakten und Zell-Matrix-Wechselwirkungen durch Zellmembran-integrierte Proteoglykane
- Kontrolle der Zellproliferation durch spezifische Bindung von Wachstumsfaktoren
- Viskoelastisches Verhalten hochmolekularer hydratisierter Proteoglykane bei Druckbelastung

Glucosamine sind an der Entwicklung und Reparatur von Gelenkknorpeln sowie der Knochenbildung beteiligt. Chondroitin ist ein Knorpelbaustein, der die Wasserretention und Elastizität begünstigt, sowie andere körpereigene Enzyme vor dem Abschwächen der Gelenkknorpelbausteine schützt. Er kommt überwiegend im wasserreichen Knorpel vor (5). Wirksame knorpelschützende Mittel sollten folgende Aufgaben erfüllen können:

- Steigerung der Synthese der Knorpelzellen (Glykosaminoglykane, Proteoglykane, Kollagen, Proteine, RNA und DNA)
- Förderung der Synthese von Hyaluronsäure
- Aufhalten der knorpelabbauende Enzyme
- Mobilisierung von Thrombozyten, Fibrin, Lipiden und Cholesterin in den Zwischenräumen der Gelenkinnenhaut
- Linderung des Gelenkschmerzes
- Eindämmung der Gelenk-Innenhaut-Entzündung

Die Zusammenarbeit und ineinander greifende Wirkung der Gelenknährstoffe normalisiert die Knorpelmatrix und verhilft dem Knorpel so auf zellulärer Ebene zur Selbstheilung.

Studienergebnisse
Laborstudien suggerieren, dass Glucosamine die Produktion von knorpelbildenden Proteinen stimulieren. Andere Studien stellen fest, dass Chondroitin die Produktion knorpelzerstörender Enzyme und Entzündungen hemmt. Die aus Krebstierschalen und Kuhknorpel hergestellten Supplemente zeigen in Humanstudien eine bessere Wirksamkeit als konventionelle Arthritismedikamente. Eine geringere Steifheit mit weniger Nebenwirkungen und Schmerzreduktion sind hier die wichtigsten Argumente (6). Den wissenschaftlichen Studien liegen oft der Lequesne-Index bzw. der WOMAC-Index als Grundlage zur Beurteilung der Arthrose zugrunde. Der Lequesne-Index ist ein Standard-Punkt-Wert, mit dessen Hilfe sich die Schmerzen, Gehleistung und Funktionseinschränkungen bei Arthrose beschreiben lassen. Der WOMAC-Arthrose-Index ist ein vom Patienten selbst auszufüllender Fragebogen, welcher Schmerz, Gelenksteifigkeit und körperliche Funktionsfähigkeit des Patienten erfaßt.

In der randomisierten, placebokontrollierten und doppelblinden Studie von Noack et al. (7) wurden 252 Patienten täglich über vier Wochen mit 500 mg Glucosaminsulfat bzw. einem Placebopräparat behandelt. Der Lequesne-Index lag bei Studienbeginn in beiden Gruppen bei 10,6 und reduzierte sich in der Glucosamingruppe auf 7,45 Punkte. Die Placebogruppe hatte einen durchschnittlichen Lequesne-Index bei 8,4 Punkten. Die Medikation wurde von beiden Gruppen gut vertragen. Reginster et al. (8) und Pavelka et al. (9) ermittelten unabhängig voneinander während drei Jahren in randomisierten, doppelblinden, placebokontrollierten klinischen Studien den Einfluss von Glukosaminsulfat bei Arthrose. Reginster et al. untersuchten 212 Patienten mit primärer Kniegelenksarthrose. Die Patienten hatten einen BMI unter 30 und waren über 50 Jahre alt. Sie erhielten täglich 1.500 mg Glukosaminsulfat bzw. ein Placebo über drei Jahre. Die mit Glukosamin behandelte Gruppe zeigte im Gegensatz zur Placebogruppe keine signifikanten Veränderungen in der Gelenkspaltweite (Glukosamingruppe: 0,07 mm; 95 %iger Vertrauensbereich, -0,17 bis 0,32 mm. Placebogruppe: -0,31 mm; 95 %iger Vertrauensbereich, -0,57 bis -0,04 mm). Der WOMAC-Gesamtindex veränderte sich bei der Glukosamingruppe nach drei Jahren um -24,3 % (95 %iger Vertrauensbereich, -37,0 bis -11,6 mm). Bei der Placebogruppe ist eine Änderung von 9,8 % (95 %iger Vertrauensbereich, -14,6 bis 34,3 mm) zu verzeichnen. Als Ergebnis lässt sich festhalten, dass eine Anwendung mit Glukosamin den Anschein hat, leichte bis moderate Arthroseformen zu lindern. Stellt man die Placebo-Gruppe der Glukosamin-Gruppe gegenüber, wird deutlich, dass bei der Glukosamin-Gruppe kein Fortschreiten der Krankheitssymptome aufgetreten ist, es sogar symptomatische Linderung gab. Es wurde jedoch kein Unterscheid in der Steifigkeit festgestellt (8). Beide Gruppen zeigten keine Nebenwirkungen.

Pavelka et al. untersuchten während drei Jahren 202 Patienten mit leichter bis mäßiger Kniegelenksarthrose, bei denen der Einfluss von täglich 1.500 mg Glukosaminsulfat bzw. einem Placebo auf eine verzögerte Entwicklung einer Gonarthrose festgestellt wurde. Im Röntgenbild wurden kleine erkennbare Veränderungen der Kniegelenkspaltweite gemessen. Die durchschnittliche Gelenkspaltweite betrug weniger als 4 mm. Nach Ablauf der Studie kam es in der Placebogruppe zu einer fortschreitenden Verengung des Gelenkspalts um 0,19 mm (95 %iger Vertrauensbereich, -0,29 bis -0,09 mm). Durch die Gabe von Glukosaminsulfat hat sich der Gelenkspalt nicht signifikant verändert (0,04 mm, 95 %iger Vertrauensbereich, -0,06 bis 0,14 mm). Der Unterschied zwischen den beiden Gruppen war demnach signifikant. Bei der mit Glukosaminsulfat behandelten Gruppe traten die vor Studienbeginn als schwere Gelenk-spaltverengung definierte Kniegelenksarthrose (0,5 mm) seltener auf (5 % gegenüber 14 %). Gleichzeitig verbesserte sich die Symptomatik um 20 bis 30 % gegenüber der Placebogruppe. Nach Abschluss der Studie unterschieden sich beide Gruppen bezüglich des Lequesne-Index sowie des WOMAC-Gesamtindex hinsichtlich Funktionseinschränkung und Steifigkeit signi-fikant. Abschließend stellten Pavelka und seine Mitarbeiter fest, dass eine Langzeittherapie mit Glukosaminsulfat das Fortschreiten der Kniegelenksarthrose verlangsamt, so dass diese Substanz möglicherweise eine krankheitsmodifizierende Wirkung besitzt (9). Die Behandlung wies in beiden Gruppen keine Nebenwirkungen auf.

Eaton und Dr. Lloyd stellten fest, dass zugefügtes Chondroitinsulfat zusammen mit Glukos-aminsulfat die Knorpelneubildung verbessert. Chondroitin hemmt die proteoglykanabbauenden Enzyme und stimuliert im Weiteren die Synthese von Proteoglykanen und Kollagen (10). Bucsi und Poor (11) untersuchten die Effektivität und Verträglichkeit von oral verabreichtem Chondroitinsulfat bei Kniegelenksarthrose. In der randomisierten, doppelblinden und place-bokontrollierten Studie wurde den Studienteilnehmern während sechs Monaten zweimal täg-lich 400 mg Chondroitinsulfat bzw. ein Placebo oral verabreicht. Zu Studienbeginn und nach einem, drei und sechs Monaten fanden bei den 80 Patienten klinische Kontrollen statt. Zu-sammenfassend lässt sich sagen, dass die Chondroitinsulfatgruppe definierte Spaziergänge länger schmerzlos laufen konnte als die Placebogruppe. Die Patienten mit Placebogabe hatten einen etwas höheren Paracetamolverbrauch. Diese Ergebnisse suggerieren sehr, dass Chondroitinsulfat eine langsam-wirkende Arznei bei Kniegelenksarthrosen ist.

Reichelt et al. (12) untersuchten während sechs Wochen in ihrer randomisierten, placebokon-trollierten, doppelblinden Studie an 155 Patienten die Wirksamkeit von zweimal wöchentlich 400 mg intramuskulär injiziertem Glukosaminsulfat sowie eines Placebopräparates. Die Pro-banden beider Gruppen litten seit mindestens sechs Monaten an Kniegelenksarthrose und hat-ten anfangs einen Lequesne-Index von durchschnittlich zehn Punkten oder etwas mehr. Nach Berücksichtigung aller Ausfälle wiesen 51 % der Glukosamingruppe (entspricht 73 Proban-den) deutliche Verbesserungen auf, im Gegensatz zu 30 % der Placebogruppe (69 Proban-den). Muller-Fassbender et al. (13) stellten in ihrer randomisierten, doppelblinden Studie an 200 Probanden mit Kniegelenksarthrose fest, dass die dreimalige, tägliche orale Gabe von 500 mg Glukosaminsulfat versus 400 mg Ibuprofen während vier Wochen den Lequesne-Index von anfänglich mehr als 12 Punkten um zwei Punkte reduziert. Gleichzeitig war kein Unter-schied zwischen der Glukosamin- und der Ibuprofengruppe festzustellen. Der Lequesne-Index betrug im Mittel 16 Punkte und reduzierte sich in beiden Gruppen um mindestens sechs Punk-te. Im Gegensatz zur Glukosamingruppe litten 35 % der Ibuprofengruppe an gastrointestina-len Nebenwirkungen. Abschließend lässt sich festhalten, dass Glukosaminsulfat in der anti-entzündlichen Wirkung mit Ibuprofen vergleichbar ist, weshalb Glukosaminsulfat als sicheres und langsamwirkendes Medikament bei Kniegelenksarthrose zu empfehlen ist.

Untersuchungen zufolge wirkt Glucosamin nicht nur symptomatisch, sondern kann auch den Arthrose-Prozess am Knorpel hemmen. Reginster untersuchte mit seinem Team 1999 in einer dreijährigen kontrollierten Studie an 212 Gonarthrose-Patienten die Effektivität von 1.500 mg Glucosaminsulfat täglich. Bei der Gruppe, welche diesen Wirkstoff erhielt, nahm die Verschmälerung des Gelenkspaltes so gut wie nicht zu (0,06 mm), bei der Placebo-Gruppe wurde der Spalt dagegen im Durchschnitt um 0,31 mm schmaler. Zudem nahm in dieser Gruppe die Symptomatik der Arthrose (Steifigkeit, Funktionsverlust, Schmerzen) zu, während sie bei den anderen Patienten zurückging (14).

Verhaltensweisen zur Vermeidung von Arthrose

Glucosamin und Chondroitin lassen sich durch Ernährung dem menschlichen Körper nur schlecht zuführen, da sie vor allem im tierischen Knorpelgewebe enthalten sind. Es ist daher empfehlenswert, vorbeugende Maßnahmen zum Schutz der Gelenke zu ergreifen. Gewichtsreduktion, moderater Sport und Kontraindikation von Fehlhaltungen sind nur einige Verhaltensweisen, um einer Arthrose entgegenzuwirken. Glucosamin und Chondroitin sind als Arthrosemedikamente geeignet. Sollte keine Besserung eintreten, kann der Patient immer noch auf konventionelle schulmedizinische Medikationen ausweichen. Folgende Maßnahmen wirken bei Arthrose präventiv:

- Vermeiden unebener Wege (Stoßbelastung)
- vernünftiger Wechsel von Be- und Entlastung
- vernünftige Benutzung von Gehilfen
- Benutzen von Schuhen mit Pufferabsätzen (weiche Sohlen)
- Vermeiden von Kälte und Nässe
- Warmhalten der Gelenke (Mikroklima)
- lockere sportliche Gymnastik
- Schwimmen im warmen Wasser

Stellenwert der Ernährungstherapie bei degenerativen Gelenkerkrankungen

Die effektive Arthrosetherapie hat vier grundlegende Mechanismen zum Ziel. Zum einen die Entzündungshemmung der betroffenen Gelenke im zellulären Bereich sowie die Modulation der Synthese von Knorpelproteoglykanen und Hyaluronsäure. Direkte antidegradative Eigenschaften sind die Hemmung proteolytischer Enzyme und Minderung der Schädigung von Matrixmolekülen durch freie Radikale. Mindestens ebenso wichtig wie die vorangegangenen Ziele ist die schützende Wirkung auf zelluläre Knorpelbestandteile. Chondroitin verzögert und schützt erwiesenermaßen vor Knorpelabbau. Glukosamin ist ein wichtiger Baustein für die Knorpelgrundsubstanz und hemmt unter anderem katabole Prozesse im Gelenkknorpel, indem die Elastasefreisetzung aus den aktivierten Granulozyten und die Aggrekanasefreisetzung aus Chondrozyten gehemmt wird (15, 16, 17). Glucosamin und Chondroitin weisen erste symptomatische Effekte erst nach ungefähr sechs bis acht Wochen regelmäßiger Einnahme auf. Sie wirken langsam. Hinsichtlich der klinischen Effektivität besteht jedoch kein Unterschied in der Wirkung bei nichtsteroidaler Antirheumatikatherapie (NSAR). Eine Meta-Analyse bestätigt die beschriebene Wirkung (18). Gesicherte Wirkungen kann der Patient oft erst nach einigen Monaten feststellen. Ein weiterer wichtiger Vorteil der Glucosamin- und Chondroitintherapie besteht in der nachhaltigen Wirkung über mehrere Monate auch nach Absetzen der Medikation. Dies erlaubt zweijährliche Therapiezyklen, bei denen über drei Monate Chondroitin und Glukosamin verordnet wird. Gleichzeitig weisen Glukosamin und Chondroitin im Vergleich zu konventionellen Arthrosemedikamenten wesentlich geringere Nebenwirkungen auf. So müssen einige Patienten nur vereinzelt mit leichten Magenbeschwerden, Flatulenz und weicheren Stühlen rechnen. COX-Hemmer werden unter anderem mit kardiovaskulären Komplikationen in Verbindung gebracht und nichtsteroidale Antirheumatikatherapeutika (NSAR) weisen zu große gastrologische Nebenwirkung auf.

Tierversuche haben die Wahrscheinlichkeit hervorgerufen, dass Glucosamin die Insulinresistenz bei Typ-2-Diabetikern verstärken könnte. Humanstudien konnten diese Risiken bisher nicht entdecken. Patienten mit Diabetes mellitus sollten ihren Blutzuckerspiegel kritisch beobachten, wenn eine Einnahme dieser Präparate in Betracht gezogen wird. Es gibt bisher keine Anzeichen für allergische Reaktionen bei der Einnahme von Glucosamin. Da es allerdings aus Schalentieren gewonnen wird, sollten Patienten, die allergisch auf jene reagieren, besonders sorgfältig auf die Einnahme achten oder von dem Produkt gänzlich Abstand nehmen. In Bezug auf Chondroitinsulfat kann dieses bei Bluterkranken oder Patienten, die Blutverdünnungsmittel einnehmen, zu Blutungen führen.

Aus ernährungsmedizinischer Sicht ist die Supplementation von Glucosamin und Chondroitin sinnvoll, wenn gleichzeitig die bindegewebsstärkenden und entzündungshemmenden Vitamine C und E, der Radikalfänger Selen, Sauerstoff transportierendes Kupfer, zellbildende Folsäure und abwehrstärkendes Zink zugeführt werden.

Autoren:
Dipl.-Ing. (FH) Ernährungstechnik Elisabeth Warzecha, Dipl. oec. troph. Thomas Reiche und Sven-David Müller (M.Sc, Diätassistent und Diabetesberater DDG)

Korrespondierender Autor: Sven-David Müller, M.Sc, Master of Science in Applied Nutritional Medicine (Angewandte Ernährungsmedizin), staatlich anerkannter Diätassistent und Diabetesberater der Deutschen Diabetes Gesellschaft (DDG), Haddamshäuser Weg 4a, 35096 Weimar an der Lahn, www.svendavidmueller.de, diaetmueller@web.de

Literatur: Beim Verfasser, Praxis der Diätetik und Ernährungsberatung, Haug Verlag, E. Lückerath und S.-D. Müller; Kalorien-Nährwert-Lexikon, Schlütersche Verlagsgesellschaft mbH, K. Raschke und S.-D. Müller

Literatur:
1) Brandenburgisches Ärzteblatt 4/2002, 12. Jahrgang, Seite 110 f.
2) Prof. Barth, P.: Institut für Pathologie, Internetseite Philipps-Universität Marburg
   http://www.staff.uni-marburg.de/~barthp/Physio-Skr_neu.htm   [Stand 06.06.2005]
3) Internetseite von adLexikon
   http://arthrose.adlexikon.de/Arthrose.shtml   [Stand 06.06.2005]
4) Remberger, K.: Institut für allgemeine und spezielle Pathologie, Internetseite Universitätsklinikum des Saarlandes, Homburg-Saar
   http://wwwalt.med-rz.uniklinik-saarland.de/pathologie/Knochen_Pathologie/Text%20files/Knochen_Path_3-1II.htm
        [Stand 06.06.2005]
5) Buddecke, E. (1994): Grundriss der Biochemie, 9. Auflage; 182 f., 509 ff.
6) Gaby, A. R. (1999): Natural Treatments for Osteoarthritis, Alternative Medicine Review, Vol. 4, p. 330-341.
7) Noack, W. et al. (1994): Glucosamine sulfate in osteoathrtis of te knee. Osteoarthritis Cartilage 1994, 2 (1), 51-59.
8) Reginster J. Y. et al. (2001): Long-term effects of glucosamine sulphate on osteoarthritis progression: a randomised, placebo-controlled clinical trial. The Lancet, 357 (9252): 251-256.
9) Pavelka, K. et al. (2002): Glucosamine sulfate use and delay of progression of knee osteoarthritis: a 3-year, randomizes, placebo-controlled, double-blind study. Arch Intern Med 2002; 162: 2113-2123.
10) Eaton, A. & Dr. Lloyd, J.: Glucosamine and Chondroitine sulfate (GAG´s) in the

treatment and prevention of osteoarthritis.
http://www.stfrancis.edu/acca/webcd/abstracts/biol/aeaton_biol.pdf   [Stand 10.06.2005]
11)   Bucsi, L. & Poor, G. (1998): Efficacy and tolerability of oral chondroitine sulfate as a symptomatic slow-acting drug for osteoarthritis (SYSADOA) in the treatment of knee osteoarthritis. Osteoarthritis Cartilage, 6 Suppl A: 31-36.
12)   Reichelt, A. et al. (1994): Efficacy and safety of intramuscular glucosamine sulfate in osteoarthritis of the knee. A randomised, placebo-controlled, double-blind study. Arzneimittelforschung 44 (1): 75-80.
13)   Muller-Fassbender, H. et al. (1994): Glucosamine sulfate compared to ibuprofen in osteoarthritis of the knee. Osteoarthritis Cartilage, 2 (1): 61-69.
14)   Reginster J. Y. et al. (1999): Glucosamine sulfate significantly reduces progression of knee osteoarthritis over 3 years: a large, randomised, placebo-controlled, double-blind, prospective trial. Arthritis & Rheumatism 1999; 42 (suppl): 1975.
15)   Krtek, J. (2000): Chondroitinsulfat Therapie der Osteoarthrose. Fifth World Congress OARSI 2000, Barcelona; Satellite Symposium, Chondroitin Sulfate: Mechanism of Action and Clinical Response in Osteoarthritis.
http://www.universimed.com   [Stand 15.07.2005]
16)   Prof. Thumb, N. (2001): Arthrose Medikamentöse Therapie der großen Gelenke. Institut für Rheumatologie, Baden bei Wien/Österreich.
http://www.universimed.com   [Stand 15.07.2005]
17)   Kullich, W. (1999): Neue Nachweise der Resorption von oral verabreichtem Chondroitinsulfat. Ludwig Boltzmann Institut für Rehabilitation interner Erkrankungen. Saalfelden /Österreich.
http://www.universimed.com   [Stand 15.07.2005]
18)   McAlindon, T. E. et al. (2000): Glucosamine and Chondroitin for Treatment of Osteoarthritis. A Systematic Quality Assessment and Meta-analysis. Journal of the American Medical Association. 2000; 283: 1469-1475.